星空写真家
KAGAYA 月と星座

夏の星座

監修・写真 KAGAYA

文 山下美樹

金の星社

はじめに

夜空は宇宙を見わたす窓のようなものです。
まだまだなぞが多い広大な宇宙は、
たくさんのおどろきに満ちています。
月や星について知ると、
これからの人生の楽しみも増えることでしょう。
夜空はこれからもずっとみなさんの上に
広がっているのですから。
夜空を見上げることは、
とてもかんたんでだれにでもできます。
もし興味を持たれたら、この本を片手に
ぜひ夜空を見上げてみてください。

星空写真家 KAGAYA

沢崎鼻灯台と天の川（2022年 新潟県・佐渡島）

もくじ

夏の星座	4
夏の夜に見える星空	6
こと座	8
わし座	10
はくちょう座	12
夏の大三角	14
さそり座	16
いて座／たて座／みなみのかんむり座	18
天の川	20
銀河系のすがたと天の川	22
ヘルクレス座	24
へびつかい座／へび座	26
りゅう座	28
いるか座／こぎつね座／や座	30
流星	32
流星のしくみと種類	34
流星群の観察	34
火球	36
隕石	37
KAGAYAさんに聞く！流星群の観察と撮り方	38

※写真の（ ）内には、撮影年・撮影場所を記しています。

夏の星座

夏を代表する星座といえば、七夕のおりひめ星があること座、ひこ星があるわし座です。ほかにも、夏の空には、はくちょう座、さそり座など、見つけやすい星座がたくさんあります。街明かりのない暗い場所なら、南の空から立ち上がる天の川も見られます。

夏の天の川とさそり座（2018年 沖縄県・西表島）

夏の夜に見える星空

　夏の星座をさがすには、空の高いところにかがやく星ぼしからたどるとよいでしょう。天頂近くのひときわ明るい星がこと座の1等星ベガで、天の川をはさんで反対にある明るい星がわし座の1等星アルタイルです。七夕の神話では、ベガが「おりひめ星」、アルタイルが「ひこ星」とされています。ベガ、アルタイル、そして天の川の中にあるはくちょう座の1等星デネブを結んだ形を「夏の大三角」と呼びます。
　南の低い空に目を向けると、さそり座の赤い1等星アンタレスが見つかります。さそり座は

北

東　　　　　　　　　　　西

南

星座の起源は約5000年前のメソポタミア。星を結んで神話の英雄や動物をえがいた。実際の空に線や絵はない。

※この全天図や星座絵の星の色は、実際の星の色のちがいを元に、わかりやすく色分けしています。

S字の形で見つけやすい星座です。さそり座の東寄りには北斗七星に似た6つの星ならびがあります。これは、いて座の一部で南斗六星と呼ばれます。星座絵のいて座は半人半馬のケンタウルスのすがたです。まるでさそりをねらっているかのように、弓に矢をつがえています。

星の明るさ

「等級」は、星の明るさを表します。数値が小さいほど明るく、肉眼では6等星まで見えます。等級が1段階上がると約2.5倍明るく、1等星は6等星の約100倍の明るさです。

| 1等級 | 2等級 | 3等級 | 4等級 | 5等級 | 6等級 |

こと座

Lyra

　こと座は、夏に高くのぼる星座です。1等星のベガは、七夕のおりひめ星として有名です。頭上の一番明るい星がベガで、その白いかがやきは都会の空でもよく見えます。星座絵では、楽器のたてごとの形をしています。現在の暦の七夕（7月7日）よりもおそい旧暦の七夕（伝統的七夕・8月上旬〜下旬）のころが見ごろです。

ベガ
アルタイル

こと座と海岸の七夕かざり
（2022年 新潟県・佐渡島）

あおぎ見るわし座と天の川（2024年 北海道）

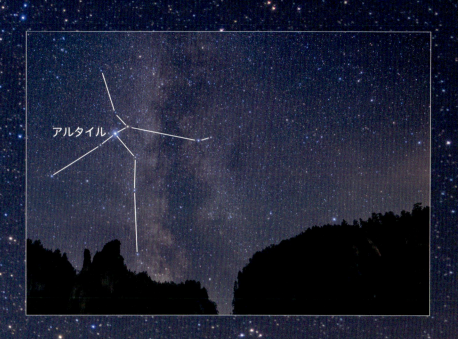

わし座

Aquila

　わし座の1等星アルタイルは、七夕のひこ星として有名です。こと座のベガとは天の川をはさんだ対岸でかがやいていて、ベガより少し暗いものの、都会の空でもよく見えます。アルタイルは「飛ぶワシ」という意味です。昔はアルタイルを中心に3つならぶ星がわし座でしたが、のちに周囲の星をくわえ、今の大きさになりました。

天の川の中のはくちょう座（2023 年 宮崎県）

はくちょう座
Cygnus

　はくちょう座は、空に高くのぼる星座です。1等星のデネブは、はくちょうの尾にあたる部分の星です。このデネブから十字形に星がならんでいて、南十字に対して北十字と呼ばれています。空が暗い場所では、天の川をまたぐようにつばさを広げる、大きなはくちょうのすがたをたどることができます。

夏の大三角

The Summer Triangle

夏の大三角をさがすには、まず頭上で一番明るくかがやくこと座のベガを見つけましょう。このベガから南の空に目を向け、わし座のアルタイルを見つけます。さらに、この2つの星から少し細長い三角形になる星をさがせば、デネブが見つかります。8月には、空の高いところでベガがひときわ明るくかがやき、市街地でも夏の大三角は見つけられます。

七夕の夏の大三角 (2020年 北海道)

さそり座
Scorpius

　さそり座は、南の低い空に星がS字にならぶ、わかりやすい形の星座です。心臓の部分に赤い1等星のアンタレスがかがやいていて、よい目印になります。アンタレスの意味は「火星に匹敵するもの」。火星とならぶと、まるで赤さを競っているかのように見えます。尾の先には釣り針のような返しがあるので、さそり座は和名で「魚釣星」などと呼ばれます。

接近する火星とさそり座（2016年 高知県）

街明かりのある空の天の川といて座（2024年 長野県・志賀高原）

いて座
Sagittarius

いて座は、ケンタウルスが弓に矢をつがえたすがたをしています。矢の先にはさそり座のアンタレスがあり、さそりの心臓にねらいをつけているように見えます。弓の部分に明るい6つの星がひしゃく形にならんでいて、北斗七星に対し、南斗六星と呼ばれます。天の川の一番明るい部分にある星座です。

たて座
みなみのかんむり座
Scutum / Corona Australis

たて座は、いて座とわし座の間にありますが、暗く目立ちません。みなみのかんむり座は、南斗六星の近くにあります。きれいな半円形をしていて、南の空が開けた暗い場所なら見つけやすい星座です。

天の川 The Milky Way

　わたしたちのいる地球は、太陽のまわりをまわる「太陽系」の惑星のひとつです。太陽系は、1000億個以上の恒星が集まった「銀河系（天の川銀河）」の中にあります。天の川は、うずまき状の銀河系を内側から見たすがたです。どの季節でも見えますが、夏はとくに明るく見えます。

水面に映る天の川（2022年 北海道・利尻島）

銀河系のすがたと天の川

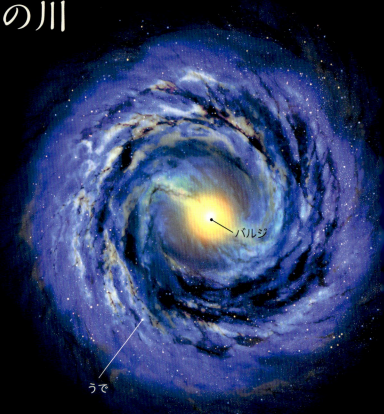

←夏　　冬→
地球のある
太陽系の位置

横から見た銀河系
地球のある太陽系は、銀河系の中心から少し離れた円盤部にあります。そして、夏と冬では銀河系の反対の方向を見ています。

上から見た銀河系
銀河系を上から見ると、うずを巻いた形をしています。うずを巻いている部分を「うで」といい、まん中のふくらんだところを「バルジ」といいます。

バルジ
うで

夏の天の川
銀河系の中心の方向を見ているため、天の川が明るく見える。

（2019年9月 東京都・小笠原村父島）

冬の天の川
銀河系の外の方向を見ているため、天の川の光はあわく見える。

（2018年12月 北海道）

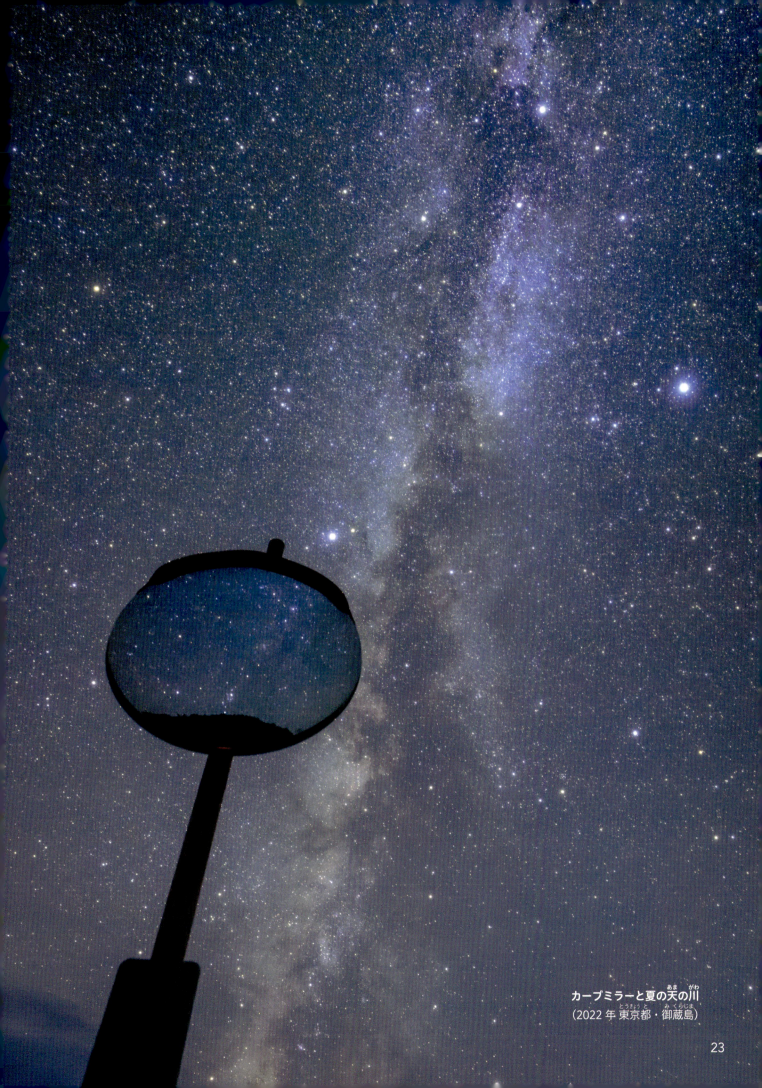

カーブミラーと夏の天の川
(2022年 東京都・御蔵島)

ヘルクレス座

Hercules

　ヘルクレス座は、ギリシャ神話の英雄ヘルクレスが、頭を下にしたすがたをしています。目立たない星ばかりですが、少しいびつなHの字のような星のならびが目印です。また、最も美しい球状星団といわれるM13※が、ヘルクレスのこしにあたる部分にあります。空が暗ければ肉眼でもぼんやり見えますが、望遠鏡を使えば、星の集まりであることがはっきり見てとれます。

※『冬の星座』21ページ参照。

農場の丘にしずみゆくヘルクレス座（2024年 北海道）

へび座・へびつかい座と水平線上の漁火 （2022 年 長崎県）

へびつかい座
へび座

Ophiuchus / Serpens

　へびつかい座は、将棋のこまのような五角形に星がならぶ、ひときわ大きい星座です。さそり座のS字の上に目を向けると、五角形の頂点にあたる2等星のラスアルハゲが目にとまります。へび座は、へびつかい座を間にはさんで頭と尾が分かれています。このように1つの星座が2つに分かれるものは、へび座のほかにありません。

りゅう座
Draco

　りゅう座は、こぐま座を取り囲むようなすがたをしています。北の空で一年を通して見られる星座ですが、夏は高くのぼって見つけやすくなります。こと座のベガからこぐま座の方に視線を動かしていくと、りゅうの頭にあたる小さな台形が見つかります。そこから長い体をたどることができます。

ひまわり畑のりゅう座（2024年 北海道）

湖上の夏の星座（2022年 北海道）

いるか座
こぎつね座
や座

Delphinus / Vulpecula / Sagitta

　いるか座は、アルタイルの近くにある、小さなひし形が目印の星座です。星座絵では、天の川からジャンプしたイルカのような愛らしいすがたをしています。や座も、アルタイルの近くにある細長いY字形の星ならびで、意外と見つけやすい星座です。こぎつね座は

しし座流星群(2020年 静岡県)

流星 Meteor

　夜空をながめていると、ひと筋の光がスッと横切ることがあります。急にあらわれ、ほんの一瞬で消えてしまうこの光の正体は、流星です。流れ星とも呼ばれます。目につくものは明るいので、空にかがやく星が落ちてきたと感じる人もいますが、流星のもとは宇宙をただよう小さなチリです。流星は、宇宙のチリが地球の大気に飛びこんだときに発光する現象です。

ペルセウス座流星群（2018年 山形県）

流星のしくみと種類

流星のもととなるチリの多くは、1mmから数cm程度です。流星のうち、毎年ほぼ同じ時期に見られるものを「流星群」といいます。流星群以外の、いつどこにあらわれるかわからない流星を「散在流星」といいます。

流星群のしくみ

流星群のもとは、彗星※がまきちらしたたくさんのチリです。彗星が通ったあとの場所を地球が通るときに流星群が見られます。

※『秋の星座』30〜33ページ参照。

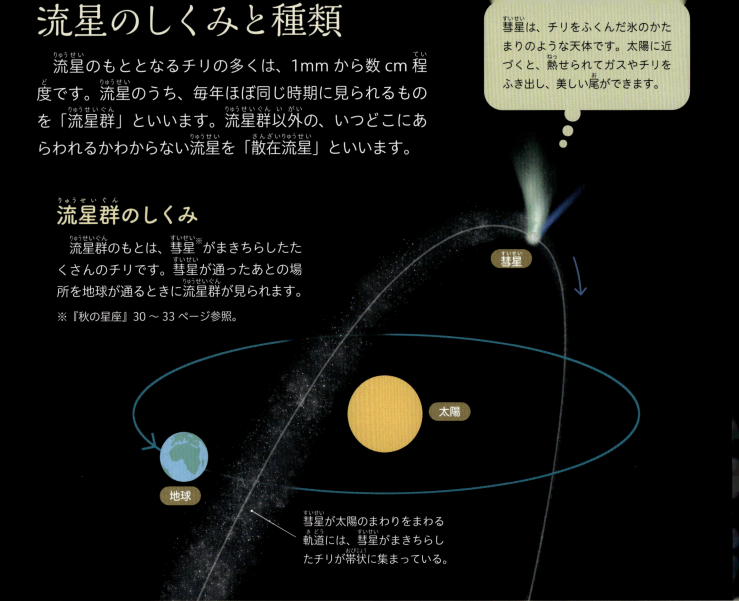

彗星は、チリをふくんだ氷のかたまりのような天体です。太陽に近づくと、熱せられてガスやチリをふき出し、美しい尾ができます。

彗星が太陽のまわりをまわる軌道には、彗星がまきちらしたチリが帯状に集まっている。

流星群の観察

数ある流星群の中で、とくに流星が多く見られるものを「三大流星群」といいます。流星群が最も活発になる日が極大日です。観察するときは、極大日を中心にスケジュールを立てましょう。なお、街明かりや月明かりがあると暗い流星は見えません。より暗い場所をさがして観察しましょう。

おもな流星群　太字が三大流星群。

名前	極大日	特徴	時間帯
しぶんぎ座流星群	1月4日ごろ	見ごろは短い	未明〜明け方
こと座流星群	4月22日ごろ	数はあまり多くない	夜中〜夜明け前
みずがめ座η流星群	5月6日ごろ	見ごろは前後数日	夜明け前
ペルセウス座流星群	**8月13日ごろ**	**数が多く見ごろは前後数日**	**晩〜夜明け前**
オリオン座流星群	10月21日ごろ	数はあまり多くない　見ごろは前後数日	夜中〜夜明け前
しし座流星群	11月18日ごろ	約33年周期で大出現※する（次は2030年代中ごろ）	夜中〜夜明け前
ふたご座流星群	**12月14日ごろ**	**数が多く見ごろは前後数日**	**ひと晩中**

※活動が活発になり、例年よりも多くの流星が見られること。
2001年には、日本で1時間に1000個以上の流星が見られた。

流星群の見え方

流星群のときは、空の特定の一点（放射点）から流星が放射状に飛び出すように流れて見えます。この写真は、撮影した数十点もの流星の写真を合成したものです。

ペルセウス座流星群（2016 年 北海道）

▲はやぶさの大火球
2010年に小惑星探査機が小惑星「イトカワ」の砂の入ったカプセルを落とすとき、オーストラリア上空で満月2つ分より明るい大火球となった。このような人工天体の火球も増えつつある。

火球 Bolide

　流星の中で、とくに明るいものを「火球」と呼びます。火球の明るさに絶対的な基準はありませんが、金星より明るければ火球です。火球が流れたあとには、すじ状の雲のような「流星痕」を残すことがあります。多くは数秒以内で消えますが、中には数分間残るものもあります。

▲隕石の落下にともなう火球
2020年に千葉県習志野市に落ちた習志野隕石は、火球の目撃情報から落下地点が計算されて回収に結びついた、非常にめずらしい例となった。

習志野隕石の軌跡（CG）

2時32分08秒

SonotaCo Network（https://sonotaco.jp/forum/viewtopic.php?p=57723）の流星経路データを元にKAGAYAが制作した映像より。オレンジ色の線が習志野隕石の軌跡

隕石 Meteorite

　ほとんどの流星は、地球の大気とぶつかって発光し、大気中で燃えつきます。※ただ、火球となる明るい流星の中には、燃えつきずに「隕石」として地上に落ちるものがあります。隕石の多くは、火星と木星の間にある小惑星のかけらだと考えられていますが、ごくまれに火星や月から来るものもあります。

※実際は炎をあげて燃えるわけではありません。

KAGAYAさんに聞く！ 流星群の観察と撮り方

流星群が活発になる極大日の前後は、流星をたくさん見るチャンスです。カメラがあれば、撮影にもチャレンジしてみましょう。

ポイント1 全方位を見わたせる場所で空を広くながめる

　流星群は、放射点と呼ばれる空の特定の一点から、流星が四方八方に飛び出すように流れます。そのため、放射点の近くほどたくさん見えると思われがちですが、観察するときは空を広くながめるのがおすすめです。流星の軌道をぎゃく方向へたどっていくと放射点で交わりますが、それぞれの流星は、夜空の広い範囲にどこからでもあらわれるからです。また、放射点近くの流星は軌跡が短くなり、放射点から離れた流星は軌跡が長くなる傾向があります。

　月が出ているときは流星が見えづらくなるので、月を視野から外すようにしましょう。

海でも山でも、できるだけ空を広く見わたせる場所で観察するのがおすすめ。ただし、山の上は天気が変わりやすいことに注意。

じっとしていると夏でも寒いことがある。ブランケットや寝袋を用意するなど、しっかり防寒対策をしよう。カイロや温かい飲みものもあると便利。

ポイント2 寝転んで観察を

　立ったままでの観察は、首がつかれます。明るい流星を見たいなら、少なくとも30分は観察したいところ。おすすめなのが、寝転んで観察する方法です。キャンプ用の折りたたみベッドやマットの上に寝転ぶと、空の広い範囲を楽に観察できます。

ポイント3
観察は極大日と、その前後数日

多くの流星群は、極大日だけでなく、その前後数日もふだんより多くの流星が見られます。ひと晩かぎりの観察では、天気が悪くて流星を見られないこともあります。できれば、極大日の前後もふくめ2、3晩、観察できる計画を立てるとよいでしょう。

三大流星群の中では、ペルセウス座流星群とふたご座流星群なら、極大日の前後にも多くの流星が見られる。

ポイント4
とにかくたくさん撮る

流星の撮影は、見えてからシャッターをおしても間に合いません。シャッターを開けている間に流星がぐうぜん写りこむのをねらうしかないのです。構図を決めて固定撮影の準備をしたら、カメラを動かさずに連写しましょう。手動では大変なので、リモコンのロック機能を使うか、カメラのインターバル撮影機能を使った自動連写がおすすめです。

> 広い範囲を写せる広角レンズがおすすめ。

運がよければシャッターを開いている15秒程度の間に流星が写りこむ。

流星が写っている写真を画像処理ソフトで合成すると、放射点から四方八方に飛び出す写真となる。

> レンズに夜露がつくと星がぼやける。季節を問わず、布で包んだ使い捨てカイロやレンズヒーターをレンズにつけるなど対策をとろう。

> 夜、長時間観察するときは、ねむくならないように昼間しっかり寝ておきましょう。ペルセウス座流星群は、放射点が高くのぼる夜半過ぎが見ごろになります。

★ 監修・写真

星空写真家・プラネタリウム映像クリエイター
KAGAYA（カガヤ）

1968年、埼玉県生まれ。宇宙と神話の世界を描くアーティスト。プラネタリウム番組「銀河鉄道の夜」が全国で上映され観覧者数100万人を超える大ヒット。一方で写真家としても人気を博し、写真集などを多数刊行。星空写真は小学校理科の教科書にも採用される。写真を投稿発表するX（旧Twitter）のフォロワーは90万人を超える。天文普及とアーティストとしての功績をたたえられ、小惑星11949番はkagayayutaka（カガヤユタカ）と命名されている。
X：@ KAGAYA_11949　Instagram：@ kagaya11949

★ 文　山下美樹（やました みき）

1972年、埼玉県生まれ。NTT勤務、IT・天文ライターを経て童話作家となる。幼年童話、科学読み物を中心に執筆している。主な作品に、小学校国語の教科書で紹介された『「はやぶさ」がとどけたタイムカプセル』などの探査機シリーズ（文溪堂）、「かがくのお話」シリーズ（西東社）など。日本児童文芸家協会会員。

全天図・星座絵／KAGAYA　　編集／WILL（内野陽子・木島由里子）
図解イラスト／高村あゆみ　　DTP／WILL（小林真美・新井麻衣子）
デザイン／鷹觜麻衣子　　　　校正／村井みちよ

表紙写真　表：伊豆岬灯台と天の川（2019年 東京都・三宅島）
　　　　　裏：ひまわり畑と天の川（2023年 福島県）
P.1 写真　ふたご座流星群（2012年 埼玉県）

※この本では夏に見やすい星座を紹介していますが、
　写真は必ずしも夏に撮影したものとは限りません。

星空写真家KAGAYA 月と星座
夏の星座

2025年3月　初版発行

監修・写真　KAGAYA
文　　　　　山下美樹
編　　　　　WILLこども知育研究所

発行所　株式会社金の星社
　　　　〒111-0056　東京都台東区小島1-4-3
　　　　電話　03-3861-1861（代表）
　　　　FAX　03-3861-1507
　　　　振替　00100-0-64678
　　　　ホームページ　https://www.kinnohoshi.co.jp
印刷　　株式会社 広済堂ネクスト
製本　　株式会社 難波製本

40ページ　28.7cm　NDC440　ISBN978-4-323-05273-1
乱丁落丁本は、ご面倒ですが小社販売部宛にご送付ください。
送料小社負担にてお取替えいたします。
© KAGAYA, Miki Yamashita and WILL 2025
Published by KIN-NO-HOSHI SHA, Ltd, Tokyo, Japan

JCOPY　出版者著作権管理機構 委託出版物
本書の無断複写は著作権法上での例外を除き禁じられています。
複写される場合は、そのつど事前に出版者著作権管理機構（電話：03-5244-5088、FAX：03-5244-5089、e-mail：info@jcopy.or.jp）の許諾を得てください。
※本書を代行業者等の第三者に依頼してスキャンやデジタル化することは、
　たとえ個人や家庭内での利用でも著作権法違反です。

よりよい本づくりをめざして

お客様のご意見・ご感想をうかがいたく、読者アンケートにご協力ください。

← アンケート
ご記入画面は
こちら

星空写真家
KAGAYA
月と星座
全5巻

監修・写真＊KAGAYA

文＊山下美樹　編＊WILLこども知育研究所

A4変型判　40ページ　NDC440（天文学・宇宙科学）　図書館用堅牢製本

月

春の星座

夏の星座

秋の星座

冬の星座

プラネタリウム映像や展覧会を手がけ、X（旧 Twitter）フォロワーは90万人以上の大人気星空写真家KAGAYAによる、はじめての天体図鑑。美しく神秘的な写真で数々の天体をめぐり、夜空の楽しみ方をガイドします。巻末コラムでは、撮影で世界を飛び回る KAGAYA に、天体観測や撮影のアドバイスを聞いています。天体学習から広がる楽しみがいっぱいのシリーズ。

星座早見の使い方

星座は方角と角度がわかれば、さがすことができます。
星座早見を使って実際の夜空でさがしてみましょう。

星座早見で星座の位置を知ろう！

星座早見を使うと、いつ・どこに・どんな星座が見えるかをかんたんに調べることができます。使い方を覚えて星座をさがしてみましょう。星座早見は書店やインターネットなどで入手できます。

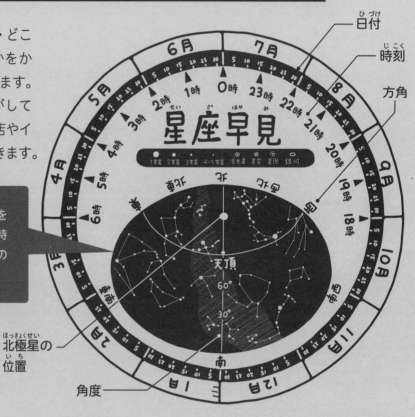

日付と時刻の目もりを合わせると、その日時に見える星座が中央の窓にあらわれる。

※月・惑星の位置は、星座早見にかかれていません。調べるときは、国立天文台のホームページやスマートフォンの星座アプリなどを使いましょう。

1 日付と時刻を合わせる

回転盤をまわして、日付の目もりと時刻の目もりを、観察する日時に合わせる。

7月7日の20時の場合、このように合わせる。